Johann Albert Heinrich Reimarus

Ausführliche Vorschriften zur Blitzableitung an allerlei Gebäuden

aufs Neue geprüft, und nach zuverlässigen Erfahrungen, in Hinsicht auf Sicherheit und Bequemlichkeit, entworfen

Johann Albert Heinrich Reimarus

Ausführliche Vorschriften zur Blitzableitung an allerlei Gebäuden
aufs Neue geprüft, und nach zuverlässigen Erfahrungen, in Hinsicht auf Sicherheit und Bequemlichkeit, entworfen

ISBN/EAN: 9783743623781

Hergestellt in Europa, USA, Kanada, Australien, Japan

Cover: Foto ©berggeist007 / pixelio.de

Weitere Bücher finden Sie auf **www.hansebooks.com**

Ausführliche Vorschriften

zur

Blitz - Ableitung

an allerley Gebäuden:

aufs Neue geprüfet, und nach zuverläſſigen
Erfahrungen, in Hinſicht auf Sicherheit
und Bequemlichkeit,

entworfen

von

J. A. H. Reimarus,

der Arzeneygelahrheit Doctor.

———

Mit zwey Kupfertafeln.

Hamburg,
verlegt von Carl Ernſt Bohn. 1794.

Vorbericht.

Die hier gegebenen Vorschriften sind, um das nöthige Zutrauen zu verdienen, auf bewährte Erfahrungen von Wetterschlägen gebauet, welche, nebst den besondern Gründen, weswegen ein jeder Umstand so oder anders am füglichsten einzurichten wäre, in meinen beiden Abhandlungen vom Blitze dargelegt worden. — Sie sind meistens bey eigentlicher Gelegenheit anzuordnender Blitz-Ableitungen an verschiedenen Gebäuden entworfen, und dabey der sachkundige und erfahrene Bleydecker, Herr Mettlerkamp, überall zu Rathe gezogen worden; daher sie der würklichen Ausführung angemessen, nach den vorkommenden mancherley Umständen und Schwierigkeiten erwogen, und, wie ich hoffe, so deutlich vorgetragen sind, daß man sich in der Anwendung leicht darnach richten kann.

Die Vorschriften anderer Schriftsteller habe ich mit Fleiß geprüfet, das Ueberflüssige und Beschwerliche

ver-

vermieden, und besonders das Nachtheilige oder Unsichere, welches sich bey einigen Ableitungs-Anstalten fand, in Erwägung gezogen. Auch habe ich meine vormals gegebene Anweisung in verschieden Stücken, nach Anleitung der Erfahrung, erweitert und verbessert. Ueberhaupt ist nicht allein die größte Sicherheit, sondern auch Bequemlichkeit und Wohlfeilheit in der Anlage, zur Absicht genommen, damit ein so wichtiges und ersprießliches Schützungs-Mittel desto leichter und allgemeiner zur Ausführung gebracht werden möge.

Hamburg im Februar 1794.

Allgemeine Einrichtung der Blitz-Ableiter.

Der Zweck einer Blitz-Ableitung an Gebäuden ist — einem Wetterstrahl, der aus einer vorüberziehenden Wolke ausbrechen und das Gebäude treffen könnte, oben so aufzufangen, und von dort so vorbey zu leiten, daß er nirgends etwas verletze; sondern einen freien Abfluß zur Erde haben möge.

Daß dieses durch eine wohl zusammenhängende, von oben bis unten herabgehende Strecke von Metall erhalten werde, haben vielfältige Erfahrungen, die Jedermann bey vorkommenden Wetterschlägen beobachten kann, gelehret. Ja, da auch oft dergleichen zufällige mangelhafte Leitungen den Blitz doch vom Innern des Gebäudes und gefährlichen Beschädigungen abwenden; so siehet man, daß selbst eine unvollkommene oder schadhaft gewordene Ableitung, wenn sie nur auſſen am Gebäude angebracht worden, doch gewiß beſſer iſt als gar keine daran zu haben, und so kann man sich, ehe beſſerer Rath geschafft wird, auch mit einer herabgelaſſenen Kette helfen.

§. 2.

§. 2.
Bedeckung der Firſt.

Es iſt alſo fürs Erſte die ganze Firſt, bis über die Enden hin, wie auch die am Dache befindlichen Hervorra= gungen, Schorſteine, Frontiſpizen, Thürmchen, hochgele= gene hervorſtehende Altane, u. d. gl. mit zuſammenhän= genden Metalle zu bedecken, damit der Blitz, wenn er irgend eine dieſer Stellen träfe, allenthalben eine ſichere äuſſere Ableitung finde.

Dies geſchieht am füglichſten mittelſt eines Bleyſtreifen, der, nach Beſchaffenheit des Gebäudes, 3 bis 6 Zoll breit ſeyn kann. Er wird von den Giebelſpitzen, oder, wenn es ein abgeſtutztes Walmdach iſt, von deſſen Firſt=Ecken an, um die Schorſteine herum, auf den Firſtziegeln ange= legt. An den Giebelpfoſten und Schorſteinen iſt er leicht mit großen gezähnten Nägeln zu befeſtigen: Auf den Firſt= Ziegeln wird er an alle ihre Fügungen (T. I. Fig. 6.) ange= trieben, und daſelbſt mit kleinen Nägeln ſeitwärts in den Kalk der Fugen befeſtigt — Die Stücke der Bleyſtreifen werden mit einer Falze an ihren Enden in einander gelegt — Wenn etwas am Dache auszubeſſern iſt, ſo kann ein ſolcher Bleyſtreifen, ohne ihn auseinander zu reiſſen, leicht aufge= hoben, die ſchadhaften Stellen darunter ausgebeſſert, und ſodann das Bley wieder, wie zuvor, angeheftet werden, und wenn auch die ganze Firſt mit neuen Ziegeln belegt würde,

würde, so kann man die alten Biegungen leicht ausschlagen, und ihm andere, den Ziegeln angemessene, geben.

Steht ein Schornstein auf der First nahe am Ende des Daches, oder ist er sehr erhaben, so muß auch ein Bley-streifen über dessen Rand oder Kappe hingelegt, und von dort an den Seiten herunter mit dem Streifen auf der First verbunden werden. — Wenn ein solcher dem ersten Anfalle des Blitzes ausgesetzter Schornstein nur mit einer leichten Wölbung von Dachpfannen bedeckt ist, so würde ich rathen, den Bleystreifen, welcher darüber hingehen soll, nicht dicht anliegen, sondern oben, als mit einer Schleife ∩ abstehen zu lassen, weil sonst der aufstoßende Strahl die Kappe zer-schmettern mögte — Sind die Schornsteine von den Enden des Daches entfernt und nicht sonderlich erhaben, so darf der Bleystreifen nur an einer Seite derselben herumgelegt, so mit dem First-Streifen zu beiden Seiten verbunden werden. — Kleine Schornsteine, die nicht auf der First stehen und niedriger als dieselbe sind, brauchen meistens keiner besondern Bedeckung. Wenn sie aber doch der First, und zumahl deren Enden nahe wären, so mögte man, vor-nehmlich bey einem freystehenden Gebäude, auch ihren obern Theil bedecken und davon den fortgesetzten Streifen erst am Schornsteine herunter, und sodann über das Dach hin, bis zu dem First-Streifen fortführen — Kleine Dachfenster mitten am Dache, wenn gleich Metall daran befindlich, und nur kein hervorstehender Knopf oder des-

gleichen

gleichen auf der Spitze ſteht, brauchen auch keiner eigenen
Ableitung.

Wenn um den Dachrand herum eine Bruſtmauer
geführt iſt, ſo müſſen auch, wo nicht der ganze obere Rand,
doch die Ecken deſſelben, mit Metall bedeckt, und dieſes
mit andern zur Ableitung führenden verbunden werden —
Stehen auf einer ſolchen Mauer, wie bey Pracht-
Gebäuden, noch Bildſäulen oder andere Zierrathen, ſo
wäre es am ſchicklichſten, an deren hintern Seite einen
dicken, oben ein Paar Handbreit hervorragenden, Meſſing-
drath anzubringen, und mit dem herabführenden Metalle
in Verbindung zu ſetzen. Dadurch würden ſie vor dem
Abſchlagen genug geſichert und doch nicht verunzieret werden.
Wenn ſolche Zierrathen von ungleicher Höhe ſind, ſo
braucht die Beſchätzung nur den höheren, und denen, welche
an den Ecken ſtehen, gegeben zu werden.

Wenn das ganze Dach mit ein oder anderm Metalle
bedeckt iſt, ſo giebt dieſes ſchon den reichlichſten Schutz,
und darüber noch eine eiſerne Stange zur Ableitung her-
abzuführen, iſt mehr nachtheilig als nützlich. Es muß alſo
daran nur den hervorſtehenden Schornſteinen, wie oben
geſagt, wie auch den Giebelpfoſten, eine mit dem Dache
zuſammenhängende Bedeckung gegeben, und die fernere
Ableitung am untern Rande des Daches angefügt werden.
Zu dieſem Ende wird nämlich der Rand unten an einer
Stelle etwas eingeſchnitten, ſo, daß er mittelſt einer doppelten Falze mit dem Ableitungsſtreifen verbunden, und an

dem

dem darunter liegenden Geſimſe angenagelt werden kann. —
Wenn auch nur der Rücken mit Metall belegt iſt und davon
an den Enden Gräten herab gehen, ſo iſt damit, da dieſe
ſchon genugſam zur Ableitung dienen, was die Schorſteine
und Giebelpfoſten betrifft, eben ſo zu verfahren, und nur
von dem untern Ende jener Streifen an das weitere zu
beſorgen.

Nicht alle auſſen am Gebäude unterhalb des Daches
befindliche abgeſonderte Metalle ſind dem Anfalle des Blitzes
ausgeſetzt, ſo daß ſie mit der Ableitung verbunden werden
müßten, ſondern nur die an den obern Theilen des Gebäudes hervorragenden, z. B. Haken oben am Giebel, daran
man eine Winde hängt, ausgieſſende Regenröhren (ſoge-
nannte Drachenköpfe) u. d. gl. An hohen Gebäuden,
oder freyliegenden Seiten wäre es jedoch zu rathen, auch die
an den obern Stockwerken hervorragenden Metalle, z. B.
das Geländer eines hervorſtehenden Balkons, mit der Ableitung in Verbindung zu ſetzen.

§. 3.
Auffangungs = Stange.

Eine Stange auf dem Gebäude aufzurichten, iſt nicht
unumgänglich erfodert, weil der Blitz, wie die Erfahrung
lehrt, auch ohne dieſelbe, ſonder Schaden, die oben und
an den Enden befindlichen Bleyſtreifen trifft und daran herunter fährt — Man pflegt aber Auffangungsſtangen zu
errichten, theils um dem Strahl eine deſto vorzüglichere
Stelle darzubieten, damit nicht etwa eine andere unbe-

ſchützte

schützte Ecke des Gebäudes getroffen werde, theils um den
ersten Anfall dadurch vom Gebäude selbst, oder einem darauf
stehenden Knopfe, etwas entfernt zu halten.

Die Dicke einer Auffangungsstange auf dem Dache
kann etwa ½ Zoll, oder wenn sie lang ist, einen ganzen
Zoll im Gevierte seyn, weil eine dünnere zu leicht vom
Winde schwankt.

Oben an der Stange kann, zur Bewahrung des Endes
vor dem Roste, eine dreyeckte, etwa ⅓ Fuß lange, nicht sehr
zugeschärfte Spitze von Messing eingenietet werden, welches
jedoch nicht nothwendig ist. — Eine einfache Spitze an
der Auffangungsstange ist einer Zurüstung mit mehrern
Spitzen vorzuziehen.

Die vorzüglichsten Stellen, wo eine Auffangungsstange
aufzurichten wäre, sind, bey Gebäuden die zwischen andern
Häusern liegen, die Schornsteine: bey freystehenden aber,
wenn daran die Schornsteine weiter nach der Mitte hinstehen,
die Enden des Daches, weil die Erfahrung zeigt, daß diese
eher als die mittlern, obgleich höhern Theile, getroffen
werden. So auch die Spitze eines Frontispizes, wenn sie
einem freien Felde oder einem Kanal zugekehrt ist — Wer
sich nun mit einer Stange begnügen will, der muß sie an
dem Ende aufrichten, welches dem Zuge der Wetterwolken
am meisten ausgesetzt zu seyn scheint. — Bey einem kleinen
Hause, dessen Dach sich nicht über 40 Fuß erstreckt, und
welches in der Mitte einen Schornstein hat, kann die Stange
füglich an selbigem angebracht werden.

Sie

Sie mag aber aufgesetzt werden wo man wolle, so ist doch wohl zu merken, daß man sich nicht darauf allein verlassen kann, sondern daß dennoch, wie gesagt, der Dachrücken von einem Ende bis zum andern mit einem Metall-Streifen bedeckt werden muß.

Die Länge der Stange muß so eingerichtet werden, daß sie, wenn sie nahe an einem Schornsteine steht, mit ihrer Spitze 3 bis 5 Fuß darüber hervorrage, desto mehr nämlich, wenn der Schorstein selbst nur niedrig, und wenn die Enden des Daches davon ziemlich weit abgelegen sind. Soll sie an dem Ende des Dachrückens, von den Schorsteinen entfernt stehen, so muß sie desto höher, und, da sie keine solche Haltung hat, desto dicker seyn.

Die Befestigung der Stange geschieht an Schorsteinen, wenn diese stark genug sind und auf der First stehen, folgendermaßen. Es wird der Stange bey dem obern Theile des Schorsteins eine Biegung (T. I. Fig. 1. 2.) gegeben, damit sie auf dem Rande desselben gestützt werde: das untere Ende wird platt geschmiedet und mit einigen Löchern versehen, durch welche, wenn sie auf die Fugen der Ziegelsteine zutreffen, Nägel geschlagen, sonst aber umfassende Krampen, deren Schenkel, wie die Nägel, etwas eingehalt sind, zu Hülfe genommen werden.

Wenn indessen der Schorstein nicht stark von Gemauer ist, so kann man sich nicht darauf verlassen; sondern die Stange muß daneben an den zusammenschiessenden Dachsparren befestigt werden — Zu diesem Ende, oder, wenn

eine

eine Stange am Ende eines abgestutzten Daches aufgerichtet
seyn soll, werden unten an der Stange ein Paar Federn
(Schenkel) angeschmiedet, die mit Nagel-Löchern versehen
sind und so auseinander stehen, daß sie an die Sparren
passen. (Taf. I. Fig. 3.) Alsdann kann die Stange von
unten ohne sonderliche Beschwerde angebracht werden. Es
wird nämlich nur ein Firstziegel durchbohret, durch welchen
sie von innen mit ihrem obern Ende hinausgesteckt, das
untere aber mit den Schenkeln seitwärts an die Sparren mit
gebackten (gezähnten, eingekerbten) Nägeln befestigt wird.
Der durchbohrte Ziegel wird oben mit einer Bleyplatte
bedeckt, welche durchstochen und so ausgetrieben ist, daß sie
die Stange als mit einem Halsbande umfaßt — Am Gie-
bel-Ende eines Daches oder an einem Frontispize wird die
Stange mit ihren Schenkeln oben auf dem Giebelpfosten,
oder zur Seite desselben angenagelt.

Wenn schon eine Windfahne oder ein metallener Zier-
rath auf der First vorhanden ist, so können diese, ob sie
gleich nicht zugespitzt sind, die Dienste einer Auffangungsstange leisten, wenn sie mit dem fernern Ableitungs-Metalle
verbunden werden. Ist es aber ein runder metallener
Knopf, so löthe man darauf eine etwa einen Fuß lange, mit
einer Kappe versehene messingene Spitze, damit der Strahl
nicht unmittelbar darauf falle und ihn beschädige. Eben
dergleichen wird auch auf einen hölzernen Knopf aufgenagelt. (T. I. Fig. 4. 5.)

§. 4.

§. 4.
Strecke der Ableitung am Gebäude herunter.

Die ganze Strecke der Ableitung muß, wo möglich, von oben bis unten auſſen am Gebäude herab geführt werden. Iſt es indeſſen nicht zu vermeiden, daß ein Theil derſelben irgendwo durch eine Mauer durchgehe, ſo kann dies zwar mit einer Regenröhre von gewöhnlichem Umfange ohne Gefahr geſchehen; ſoll es aber eine Stange ſeyn, ſo müßte ſie nicht dicht umher eingeſchloſſen, ſondern durch ein offenes, oder mit einem Stück einer ſolchen Röhre aus= gefüttertes Loch durchgeleitet werden, damit ſich die Flamme frey umher ausbreiten könne und keine Gewalt ausüben möge.

Wenn eine Auffangungs=Stange errichtet iſt, ſo wird ein eiſerner Ring um dieſelbe gelegt, mit welchem der Hals der oben erwähnten Bleyplatte dicht an die Stange ange= trieben wird. Mit dieſer Platte wird ſodann das fernere zur Ableitung dienende Metall verbunden, oder es wird, wenn unmittelbar an die Stange ein anderes Metall an= ſchlieſſen ſoll, das obere Ende deſſelben mit dem Bleie zu= gleich unter dem Ringe an die Stange angeklemmt.

Streifen von Bley oder Kupfer, die etwa 3 bis 6 Zoll breit ſeyn können, ſind zur Ableitung am dienlichſten. Die Stücke derſelben werden beym Bley nur mit einer einfachen Falze zuſammengetrieben; beym Kupfer aber entweder durch eine einfache Falze vernietet, (T. I. fig. 7.) oder mit einer doppelten Falze (fig. 8.) in einander gelegt, und wohl zu=

ſam=

sammengetrieben, oder, wo es die darunter liegenden Theile
des Gebäudes zulassen, zugleich mit Nägeln daran geheftet.
Die Falze muß aber bey heruntergehenden Streifen so gelegt
werden, daß der Rand des obern Stückes einwärts, des
untern aber auswärts geschlagen sey. (Taf. I. fig. 7.)
Man kann auch, statt der Metallstreifen, wenn es bequemer
scheint, oder wo sich Platten nicht wohl befestigen lassen,
einen etwa eines Federkiels dicken Messing= oder Kupferbrath,
oder ein Paar zusammengewickelte Dräthe zur Ableitung an=
wenden, an die Auffangungsstangen anschliessen, und am
Dache u. s. w. heruntergehen lassen.   Von der Strecke des
Ableiters wird, wenn es ein Kupferstreifen ist, so viel als
man kann, vorher zusammengenietet, aufgewickelt, und so
von dem Bleydecker in seinem Stuhle mitgenommen, damit
sie von oben an am Gebäude ohne weiteres Hinderniß ange=
bracht werden könne.   Ist die Strecke zu lang, wie z. B. an
einem Thurme, so wird das anzufügende Ende mit einer
doppelten Falze verbunden.

Wenn ein Ableiter frey über das Dach, an einer Stelle
wo kein Winkel ist, oder wo es nicht an dem Giebel anliegt,
herunter geführt werden muß, so würden Bleystreifen oder
einfaches Kupferblech zu schwach seyn.   Man nimmt also
daselbst einen Streifen aus doppelt gelegten Kupferblech.
Wo nun die Stücke desselben zusammengefalzet und vernietet
sind, da wird ein dünner messingner Drath eingehaket,
welchen man unter einen Dachziegel durchsteckt, und inn=
wendig, zur Befestigung, um Nägel, welche in die Latten
einge=

eingeschlagen worden, umwickelt. — Diesen Drath kann
man, wenn etwas am Dache auszubessern ist, leicht lösen, den
Streifen abheben, und hernach alles wieder in Stand setzen.

Der von der Bedeckung der First herunter gehende und
damit zu verbindende Ableiter kann, an welcher Stelle man
es am bequemsten findet, angebracht, und weiter, es sey in
gerabem Striche oder mit Umwegen, herabgeführt werden.

Es können auch ein Paar neben einander liegende Häuser
die Strecke, welche oben von ihrem Dache herabgeht, zusammen leiten, und davon, wo es am füglichsten ist, eine gemein-
schaftliche Leitung zur Erde herunter führen.

Das Metall kann übrigens nicht allein an Steinen,
sondern auch an Holz, wenn es nur gesund und nicht mulmig
ist, dicht anliegen und mit Nägeln bevestigt werden; weil
der Blitz baran, wenn nur die äussere Seite frey ist, ohne
Beschädigung der darunter gelegenen Theile herabfährt.

Wo also Schoßrinnen, (Winkelrinnen,) oder Gräten,
(Eckstreifen,) von Metall vorhanden sind, oder wo Giebel,
Pfosten, u. s. w. schon mit einem Streifen Metall beschlagen
sind, da lassen sich diese füglich mit zur Ableitung anwenden,
indem sie nur oben und unten mit der übrigen Strecke wohl
zu verbinden sind. Es wird nämlich der untere hervor-
ragende Rand der Schoßrinne an einer Seite eingeschnitten,
der Ableitungsstreifen mit einer Falze daran gefügt, und an
das Gesinse, welches unter der Rinne liegt, angenägelt.
Ueber das Ende eines angenagelten Bleystreifen aber wird

der

der Verbindungsstreifen eine Handbreit übergenagelt, und so,
wo Zwischenräume sind, die Strecke vollendet.

Wenn kupferne oder bleierne Regenröhren vom
Dache herunter gehen, da geben diese, wenn sie nur mit
dem zur Bedeckung der First dienenden Metalle, oder mit
dem untern Ende eines mit Metall schon gedeckten Daches
verbunden worden, die vorzüglichste Strecke zur Ableitung —
Sind sie schon mit einer metallenen, oder mit Metall aus-
gefütterten Dachrinne verbunden, so darf nur von dem
obern zur Auffangung des Strahls dienende Metalle an
irgend einer Stelle ein Verbindungs=Streifen bis zu jener
Rinne herabgeführt werden — Die Regenröhre, wenn sie
nicht zu schmahl ist, kann auch durchs Gesimse durchgehen,
ohne daß der Blitz dabey etwas verletzen würde. Wenn
dieses aber befürchtet wird, kann man außen herum eine
Verbindung anlegen.

Streifen von Eisenblech, oder blecherne Röhren, können
zwar auch einen Wetterstrahl ohne Schaden des Gebäudes
ableiten. Wenn sich aber mit der Zeit Rost dazwischen
setzt, wie auch ohngeachtet der Verzinnung geschiehet, so
können die Fugen durch einen daran herabfahrenden Blitz
auseinander gesprengt werden.

Dies kann auch den eisernen Stangen wiederfahren,
wenn sie gleich zusammengeschroben wären. Auch können
diese durch einen Wetterstrahl erhitzt, verbogen und mit
Gewalt losgerissen werden. Daher sind eiserne Stangen
keinesweges zur Ableitung so dienlich und sicher, als Kupfer-

oder

oder Bley-Streifen. Wenn ja von diesen eine Fuge durch
den Blitz aufgerissen würde; so geschähe es doch nicht mit
einer solchen Erschütterung und Gefahr, als wenn Stangen auseinander gesprengt werden.

§. 5.

Wie Nebenwege des Strahls zu verhüten sind.

Eine besondere Aufmerksamkeit ist noch darauf zu
wenden, ob der Blitz auch einen Nebenweg nehmen und
dadurch ins Gebäude hineinfahren könne. Dies geschiehet
zwar nicht an einzelnen, zerstreuten, oder auch langen quer
liegenden Metallen, durch welche ihm keine Bahn zur Erde
bereitet würde: es kann aber in einigen Fällen, bey starken
Wetterschlägen, und wo der Ableiter nicht geräumig, oder
sonst mangelhaft ist, geschehen, wenn irgendwo eine Strecke
Metall auf eine ziemliche Länge niederwärts führt, und
entweder schon zusammenhängt, oder doch von dem Blitze,
durch einen kurzen Zwischenraum von dem obern Metalle
oder von dem Ableiter, leicht mit einem abspringenden Nebenstrahle erreicht werden könnte, z. B. wo mehrere Regenröhren oder Gräten vom Dache herabgehen, oder wo eine
eiserne Ofenröhre beym Dache hervorgeht, oder, wo inwendig unter dem Dache eiserne Häugewerke oder Stangen zur
Beveftigung angebracht sind.

Wenn nun dergleichen Strecke zur Seite inwendig im
Gebäude vorhanden ist, so muß man den Ableiter an einer
entfernten Stelle herabgehen lassen, damit ein Durchbruch

des

des Blitzes verhütet werde. Stößt sie aber nahe an die
obere Bedeckung des Daches, oder ist sonst die Nähe von
dem Ableiter nicht zu vermeiden, und hielte man es also
für nöthig, ihr eine Verbindung mit der Ableitung zu
geben, so müßte sie doch nicht bloß oberwärts, sondern
auch nach unten zu, verbunden werden, damit der Blitz
hier keinen gewaltsamen Durchbruch suche. Dazu mögte
man sich, wo die Verbindung durch die Mauer hingehen
muß, wie gesagt, eines Stückes einer bleiernen Regenröhre
bedienen, welche entweder unmittelbar mit jenen inwendigen
Stangen u. d. gl. und mit dem äussern Ableiter verbunden
werden, oder durch welche man ein anderes Metall, z. B.
einen dicken Meßingdrath zur Verbindung hindurch gehen
laßen kann. Es ist auch nicht nöthig, diese Verbindung
unten, an das äusserste Ende jener inwendigen Strecke, an-
zufügen, weil der Blitz sie schon da verlaßen würde, wo er
zu einer beßern Ableitung geführt wird. — Da aber auch
dieses selten thunlich ist, z. B. wo verschiedene Stangen hie
und da versteckt liegen, so muß man nur auffen eine desto
reichlichere Ableitung, oder deren mehr an verschiedenen
Enden anlegen, so wird sich der Blitz nicht daneben eine un-
vollkommenere Bahn suchen, die ihn nicht ohne Hinderniß
zur Erde führte, oder dabey er durch widerstehende Körper,
Holz und Steine, durchbrechen müßte. — Bey den äussern
Strecken von Metall findet sich weniger Schwierigkeit.
Den Neben=Gräten am Dache wird der Blitz nicht leicht
nachlaufen, weil er von dort noch zu viel Widerstand bis

zur

zur Erde findet; es mögte denn seyn, daß er mit einem kleinen Durchbruch, z.B. durch ein Gesimse, weiter herunterleitendes Metall anträfe. Zur Sicherheit, und zumahl wenn es weit heruntergehende Strecken sind, können indessen auch die untern Enden derselben mit einander und mit dem Ableiter verbunden werden. — Regenröhren aber, die eine lange Strecke weit herabgehen, und deren oberes Ende entweder mit einem metallenen Dache zusammenhängt, oder sonst an eine andere Strecke anliegt, über welche sich der Blitz zur Seite verbreiten kann, können zuweilen einen Nebenstrahl anlocken, der noch an ihrem untern Ende etwas verletzen würde. Daher müßte man in diesem Falle nicht bloß der einen, sondern auch den übrigen, oder wenigstens einem Paar derselben, an verschiedenen Seiten des Gebäudes, eine Ableitung zur Erde geben, welches jedoch nicht nöthig ist, wenn die andern Röhren bey einem mit Ziegeln gedeckten Dache weit genug von dem obern Metalle und von dem Ableiter entfernt sind, und wenn das Gebäude nicht von weitem Umfange oder so beschaffen ist, daß man einen unmittelbaren Anfall des Blitzes auf solche entfernte Ecken besorgen müßte — Einer eisernen Ofenröhre muß man da, wo sie unten aus der Mauer hervorgeht, entweder eine Verbindung mit dem Ableiter, oder wo dieses, der Entfernung wegen, beschwerlicher wäre, eine eigene Ableitung zur Erde geben, weil das obere Ende derselben nicht nur durch einen Nebenstrahl, sondern, da es hervorraget, auch unmittelbar vom Blitze getroffen werden könnte.

§. 6.

§. 6.
Zusammenfügung und Bewahrung des Ableiters.

Die ganze Strecke der Ableitung muß wohl aneinander schließen und alle Stücke derselben durch Löthen, Nieten, Falzen u. s. w. so dicht als möglich zusammen gefügt seyn.

Wo schon eine Ableitung von Stangen angelegt und bloß mit Gelenkhaken in einander gehängt ist, da müßte man doch den Gliedern durch vest umwundenen Messingdrath einen genauern Zusammenhang verschaffen. Es würde auch besser seyn, sie mit umfassenden bleiernen oder kupfernen anzunagelnden Streifen am Gebäude zu bevestigen, als sich der Mauerstifte oder eigenen Pfosten zu bedienen, weil diese durch die Erschütterung vom Blitze leicht ausgerissen werden.

Wenn ein schon angenagelter Streifen Metall sich am Gebäude befindet und mit zur Ableitung dienen soll, so muß der obere oder untere Streifen, welcher damit verbunden werden soll, etwa eine Handbreit darüber hingehen und aufgenagelt werden, dabey man, wenn beides Kupferstreifen sind, noch ein Stück Bley, um nähere Berührung zu machen, dazwischen legt. Zur Verbindung der Regenröhren bedient man sich eines Streifen Bley, der an einem Ende etwa einen Fuß lang eingeschlitzt und kreuzweise um die Röhre umschlungen wird, dessen anderes Ende sodann zur weitern Ableitung dienet.

Höcker und Unebenheiten des Metalles geben dem Blitze kein Hinderniß in seiner Fahrt, wenn er nur zur Zusammenhang

findet —

findet — Es ist auch nicht erfodert, daß die Ableitung
geradeswegs herunter gehe; sie kann, wo es am bequemsten
ist, auch mit Winkeln und wagerechten Umwegen, geführt werden.

Uebrigens ist es nützlich, die ganze Strecke, nur die
messingne Spitze ausgenommen, mit weißer Oehlfarbe anzu-
streichen, um, wenn ein Blitz daran herab führe, seiner
Bahn und Würkung durch nachgelassene Spuren desto besser
nachzuforschen und die fehlerhaften Stellen, wo Zeichen eines
Sprunges sind, zu entdecken.

Auch sollte man wenigstens alle Frühjahr, und sonst,
wenn Arbeiter auf dem Dache oder neben der Ableitung
gewesen sind, (welche doch zuvor wohl zu warnen wären)
wie auch, wenn man vermuthet, daß sie von einem Wetterstrahl getroffen sey, wohl nachsehen lassen, ob irgend etwas
an dem Zusammenhange zerrissen sey.

§. 7.

Untere Endigung des Ableiters.

Um endlich dem Strahl unten am Gebäude einen freien
Abfluß zu verschaffen, führe man die Ableitung, wo möglich, bis in ein offenes Wasser, wenn es auch nur eine
Gassenrinne wäre: nicht aber in ein bedecktes enges Siel,
oder tief in die Erde hinein, als wodurch eine Aufsprengung
verursachet werden könnte, auch nicht in einen Abtritt, wo
die brennbaren Dünste entzündet werden könnten. — Wenn
sich keine Gelegenheit findet am Fuße des Gebäudes, oder

in der Nähe, eine solche Stelle zu treffen, so lasse man den Ableiter nur eben an der Oberfläche, doch so, daß er die bloße Erde berührt, mit einem etwa einen Fuß lang abstehenden Winkel aufhören. Der Blitz wird sich daselbst, wie ja gewöhnlich an allerley auch unvollkommenen Leitern, Pfosten, Mauren, u. s. w. geschiehet, ohne weiter hineinzudringen, endigen und vertheilen.

Wenn aber der Boden Wasser-Abern enthält, derentwegen der Blitz Anlaß finden mögte, in den Grund einzudringen und die Erde aufzusprengen, so lasse man einen Graben neben dem Gebäude ziehen, oder eine Grube aufwerfen, darin sich jederzeit Wasser sammlen, und darauf sich der Strahl, wenn das Ende des Ableiters dahinein geführt ist, frey ausbreiten könnte.

Wenn ein großer Vorrath von Metall unten im Hause, oder zumahl im Keller, das Eindringen des Blitzes daselbst besorgen läßt, so muß der Ableiter, und zumahl das Ende desselben, so viel möglich, davon entfernt angelegt werden. Man kann sich deshalben entweder desselben Vorschlages bedienen, ihn zu einem Graben hinzuführen, oder wo ein eisernes Gitter in der Nähe ist, durch eine Verbindung darauf hinlenken,' oder sonst auf irgend eine Weise den Strahl vom Gebäude abwärts führen.

Ueberhaupt ist eine solche Stelle zur Endigung des Ableiters zu wählen, wo sich nicht leicht Menschen aufhalten, als welche dadurch erschüttert oder erschreckt würden, im gleichen müßten auch gar zu leicht feuerfangende Sachen,

Heu,

Heu, Stroh, nicht zu nahe daran liegen, weil doch die sich ausbreitende Flamme daselbst nach gefährlich seyn könnte.

Der untere Theil des Ableiters wird auch, damit nichts davon abgerissen werde, so weit etwa Menschen reichen können, mit einem nicht zu engen hölzernen Kasten, oder mit einem Gitter von Stäben bekleidet, und dieses muß nicht ganz nahe am Boden anschliessen, weil der Blitz daselbst beym Absprunge vom Metalle nothwendig eine Platzung oder Luft-Ausdehnung verursachet, und also freien Platz haben muß, um nichts zu zersprengen.

Wenn eine Regenröhre zur Ableitung dienen soll, so muß unten, da wo sie mit einem Knie vom Gebäude abgeht und daran bevestigt ist, ein Metall-Streifen damit verbunden werden, welcher hinter dem hölzernen Kasten bis zur bloßen Erde herunter geht.

Eben so müßten auch andere nicht völlig zur Erde herabreichende Strecken Metall bis zur Erde, oder bis in ein offenes Wasser vollführt werden. — Wo der Ableiter ins Wasser hinein reichet, muß, wenn er auch sonst aus anderm Metalle bestünde, daselbst ein Bleystreifen angefügt werden, weil das Bley von der Feuchtigkeit weniger angegriffen wird — Wenn eine Regenröhre auch dicht über der Erde in einem hölzernen oder steinernen Schuh aufhörte; so muß doch noch ein Streifen Bley von der Röhre ab über den Schuh hin bis in die darunter befindliche Gassenrinne, oder wenigstens bis auf die bloße Erde gehen —

So muß auch, wenn die Leitung auf eine eiserne unten in

einem

einem Stein verlöthete Stange eines Gitters zugeführt ist,
von dem Fuße derselben noch das Ende der Ableitung, mit=
telst eines angefügten Streifen Bley, oder mittelst der in
einer Furche über den Stein hin fortgeführten Löthung, bis
zur bloßen Oberfläche der Erde fortgesetzt werden, weil
sonst was dazwischen liegt noch zersprengt wird. Wo der
Boden gepflastert ist, werden daselbst nur einige Steine
ausgehoben.

§. 8.
Ableitung an Kirchen.

Kirchen und deren Thürme pflegen an ihrer Spitze eine
Helmstange, Wetterfahne, ein Kreuz, oder desgleichen me=
tallenen Aufsatz zu haben, und dieses ist zur Auffangung
des Blitzes völlig zureichend, ohne daß man etwas hinzuzu=
fügen nöthig hätte. Wenn etwa aber ein Dorf=Kirchthurm
nur einen hölzernen Knopf hätte, so müßte allerdings eine
Auffangungs=Stange (T. I. Fig. 4.) darauf bevestigt
werden — Wenn nun kein metallenes Dach daran vor=
handen ist, so muß von diesem obern Metalle an, da wo
es aus der Thurmspitze hervor tritt, eine wohl anschließende
und zusammenhängende nicht zu schmahle Strecke von
Metall, es seyn nun Streifen von Kupfer oder Bley, an
der hintern Seite des Thurms angebracht werden. Lassen
sich an einem mit Schiefern gedeckten Thurm, der keine
Eckgräten hat, Metallplatten nicht wohl anbringen, so
mögte man dicken Messingdrath dafür nehmen, oder zur

Sicher=

Sicherheit deren zwey oder drey zusammenflechten, und zwar
so, daß von den Stücken Draht nicht alle auf einer Stelle an-
geknüpft werden, sondern das eine hier, das andere dort
aufhört — Wenn aber die Thurmspitze schon mit Metall
gedeckt, oder wenigstens mit heruntergehenden Streifen
Metall (Gräten) versehen ist, so muß, ohne andern daneben
anzubringenden Ableiter, nur oben für den guten Zusammenhang jenes Metalles mit der Helmstange, und sodann
unterwärts für die fernere Ableitung gesorgt werden. Bey
einfachen Pyramiden-Dächern kann man nun dem Zusammenhange des Metalles, damit sie belegt sind, wohl trauen:
bey denen Thurmspitzen aber, die mit Laternen unterbrochen
sind, muß man sich nicht darauf verlassen, wenn gleich
auch die Pfeiler und Zwischenbböden mit Metall beschlagen
sind, ja auch dann nicht einmal, wenn schon ein ehema-
liger Wetterstrahl ohne Schaden daran herunter gefahren
ist. Denn, der obere Rand des Daches pflegt doch nicht
dicht an die Decke, oder an die Pfeiler der Laterne anzu-
schliessen, und es kann zuweilen ein Blitz durch einen kleinen
Zwischenraum einen Sprung ohne merkliche Beschädigung
machen, wo doch ein anderer zündet. Wenn also der Thurm
dergleichen Absätze hat, so müssen sie sorgfältig untersucht
werden, ob auch alle Gesimse mit Metall bedeckt sind, und
ob alles wohl miteinander verbunden sey. Fehlt der Zusammenhang bey einem Absatze, so muß er verbessert werden,
und, wo unbedeckte Zwischenlagen sind, da müssen, wenigstens an zwey entgegengesetzten Stellen, von dem obern

B 5

bis

bis zum untern Metalle 4 Zoll breite kupferne oder bleierne Verbindungs-Streifen angebracht werden. Eben so wird auch von dem untern Ende eines metallenen Thurmdaches an, bis zum Kirchendache, wenn solches gleichfalls mit Metall gedeckt ist, wenigstens an zweien Seiten, eine zusammenhängende Ableitung an der Thurmmauer herunter veranstaltet — Wenn nur metallene Gräten an der Thurm-Spitze herabgehen, so muß auch zweien derselben eine Verbindung mit dem untern Metalle gegeben werden: wenn aber inwendig im Thurm nahe gelegene Stangen eine ziemliche Strecke weit herabgehen, so ist es sicherer, um keinen Durchbruch des Blitzes nach innen zu befürchten, das untere Ende aller Gräten durch einen wagerechten Streifen am Gesimse zu verbinden, von welchem sodann die fernere Ableitung an zweien Stellen der Thurmmauer, wo es am füglichsten geschehen kann, herunter zu führen ist. Es muß dazu, wo möglich, die Ecke, oder eine solche Seite der Mauer gewählt werden, wo die Leitung am weitesten von den Zeigertafeln entfernt seyn kann, um keinen Nebenstrahl durch die Zeiger-Stange hinein zu leiten, dem man doch nach unten keine Ableitung geben kann. — Wenn das Kirchendach nicht mit Metall gedeckt ist, so wird von einem breiten Ableiter, an der hintern Seite des Thurms, ein Bleystreifen über die First des Kirchendaches bis zu deren Ende fortgesetzt, und, wenn auch dort eine Windfahne oder dergleichen vorhanden ist, damit verbunden. Wenn es zu beschwerlich ist, bey einem nicht mit Metall gedeckten Kirchendache,

chendache, die ganze Firſt zu belegen, ſo müßte doch an dem Ende, welches dem Thurm gegenüber ſteht, zumal bey einer freyliegenden Kirche, vom Gipfel an eine eigene Ableitung angebracht, und wenn die Kirche getheilte Dächer hat, die Eckſeiten der Seitendächer, welche an das mit- telſte anſtoßen, von oben an mit Metall belegt und dieſes mit den Ableiter des mittlern Daches verbunden werden.

Der Thurm müßte dann ſeinen beſondern Ableiter haben — Wo bleierne oder kupferne Regenröhren von dem Kirchen- Dache herab gehen, da kann man ſich zweier derſelben, die am bequemſten liegen, zu einer Ableitung bedienen, für deren gute Verbindung mit dem obern Metalle ſowohl, als für die Ableitung vom untern Ende zu ſorgen iſt. Zur völ- ligen Sicherheit könnte man auch, wo mehrere ſolcher Röhren vorhanden ſind, ſie alle zu gleicher Abſicht einrich- ten — Wo aber dergleichen metallene Röhren oder andere auſſen am Gebäude herabgehende Strecken von Metall nicht vorhanden, oder nicht bequem anzuwenden ſind, da muß ein eigener Ableiter oben vom Thurm an, und ein anderer von dem entgegengeſetzten obern Ende des Kirchenbaches bis ganz herunter, veranſtaltet werden. Wenn die Kirche mit Metall gedeckt iſt und dieſes mit der Ableitung vom Thurme verbunden worden, ſo kann man auch, wo es be- quemer iſt, die Ableiter an den Seiten der Kirche herunter führen — Je mehr, wegen innwendig im Thurm gele- gener Stangen, Gefahr eines Durchbruchs vom Blitze zu beſorgen iſt, deſto reichlicher, etwa mit Streifen von 6 Zoll breit,

breit, müßte die äuſſere Ableitung gemacht werden, und
wo noch von der Uhr im Thurm eine Verbindung mit einer
Zeigertafel in der Kirche vorhanden iſt, da iſt es ſicherer,
weil ſie eine gar zu lange herabführende Bahn darbietet,
die einen Nebenſtrahl anlocken könnte, dieſelbe wegzu=
ſchaffen — Wo ein Thurm bloß von Mauerwerk, ohne
Spitze, vorhanden iſt, und wo nur eine niedrige Decke
wenig über den Umkreis der Mauer hervorraget, da muß
(auch neben dem hervorragenden Gipfel) der obere Rand
der Thurmmauer, oder wenigſtens die Ecken derſelben mit
Metall bedeckt, und davon die Ableitung herabgeführt
werden — Wo ſich zwey Thürme am Gebäude befinden,
da verſteht es ſich, daß jeder von oben an ſeinen Ableiter
haben muß.

Wenn eine Kirche neu erbauet wird, ſollte man, ſobald
das Gebäude bis zum Dache aufgeführt iſt, zugleich für
die Blitz = Ableitung ſorgen: zumal aber bey dem Thurme,
ehe das metallene Dach daran vollführet, oder wenn es
wegen Ausbeſſernng unterbrochen wird, mittlerweile zur
Ableitung, wenigſtens eine mittelmäßig ſtarke Kette, von
dem oberſten Theile des Baues (z. B. dem darauf geſtellten
Richtbaum) bis zum Zuſammenhange des untern Metalles
herabgehen laſſen.

§. 9.

Ableitung an Pulvermagazinen.

Pulvermagazine, wenn ſie nur nicht zugleich einen Vor=
rath von Bomben, Granaten, oder anderm Metalle ent=
halten,

halten, find, wenn es auch nur bloß von hölzernen Bohlen
errichtete Behältniffe wären, eben wie von andern Gebäuden gezeigt worden, mit einer von oben bis unten am Gebäude heruntergehenden Ableitung zu verfehen, nur muß
dabey defto forgfältigere Vorfiht angewandt werden —
Den Anfall eines Wetterfrahls abzuhalten, wäre alfo an
der am meiften ausgefetzten Ecke des Daches, oder, wenn
das Magazin lang wäre, oder ganz frey läge, an beiden
Enden, eine jedoch nicht fcharf zugefpitzte Stange von etwa
6 Fuß zu errichten. Ferner ift die ganze Firft des Daches,
und wenn noch Erker davon hervorgehen, auch deren Dachrücken, bis über die Ecken mit einem breiten Streifen Bley
zu belegen. Endlich muß man einen breiten, mit dem obern
Metalle der Firfte, wie auch mit andern, etwa oben her-
vorftehenden Stangen, Haken u. f. w. wohl verbundenen
Ableitungsftreifen an der freieften Stelle der Mauer, welche
der Thür gegenüber fteht, herunter gehen, wo möglich in
ein offenes Waffer, wenn aber dazu keine Anftalt zu machen
ift, und das Magazin fich nur nicht unter die Erde erfreckt,
bloß an der Oberfläche der Erde, in einer kleinen Vertiefung und etwas vom Gebäude abgebogen, aufhören, und
vor dem Abreiffen wohl verwahren laffen. Das tiefe Ein-
fenken des Ableiters in die Erde würde aber bey Pulverma-
gazinen, wegen der zu beforgenden Auffprengung des
Bodens befonders gefährlich feyn. — Wo fchon ein mit
Metall belegtes Dach vorhanden ift, da wird nur, wie von
den Kirchen gefagt ift, für den guten Zufammenhang def-

selben

selben vom Gipfel an, und besonders für den Anschluß an
der Helmstange bey Kuppeln oder kegelförmigen Dächern,
gesorgt, und sodann von dessen unterm Rande, an einer
oder zweien Ecken, Ableitungs-Streifen bis zur Erde her=
unter, oder bis zu einem offenen Wasser veranstaltet —
Inwendig im Gebäude sollten alle, zumal nahe unter dem
Dache, senkrecht herabgehende Stangen vermieden oder
weggeschafft werden.

Der Schildwache, welche neben dem Magazine steht,
wird die Aufsicht über den Ableiter eigentlich aufgetragen,
und die abgelösete muß ihn der andern in gutem Stande
überliefern, oder, wenn durch einen Sturm oder Blitz etwas
daran beschädigt werden, es sogleich melden.

An neu anzulegenden Magazinen müßte das Dach ohne
besondere Hervorragung, und überhaupt das Gebäude
niedrig und leicht, bloß über der Erde aufgeführt, das
Holzwerk mit einem dienlichen Anstriche versehen, alles
überflüssige Metall darin vermieden werden, und vornem=
lich der Vorrath von Bomben und Granaten in abgeson=
derten niedrigen Gebäuden, und nicht unter der Erde auf=
bewahrt werden.

Wenn sich aber in einem schon vorhandenen Magazine
unten, oder sogar in Kellern, ein solcher Vorrath von Me=
talle befände, dem man nicht sogleich eine andere Stelle
anweisen könnte, so wäre der einzige Rath, die Ableitung
gleich vom Dache an abwärts vom Gebäude zu führen, und
selbige nicht so nahe dabey, daß der Strahl noch zu dem
unten

unten liegenden Metalle hineingelockt werden mögte, noch
in einem nahen engen Brunnen, sondern wo möglich in
einem offenen Wasser sich endigen zu lassen — Man mögte
also etwa in der Entfernung von 10 oder mehr Fuß einen
Pfahl einschlagen, von welchem ein Brett bis zu dem Dache
des Magazins hinreichte. Wenn das Magazin mit Palli-
saden umgeben ist, könnte eine derselben zu diesem Zwecke
dienen. Auf dem Brette würde nun, von dem Dache an, ein
6 Zoll breiter Ableitungs-Streifen bevestigt und weiter an
dem Pfahle herab fortgesetzt. Ließe sich sodann in einiger
Entfernung ein Wasser erreichen, so könnte das Ende des
Ableiters in einer hölzernen Röhre unter der Erde dahin
geleitet werden. Wo nicht, so könnte man, der Vorsicht
wegen, einen eigenen Graben aufwerfen und darin die Ableitung aufhören lassen.

Für gefüllte Bomben und Granaten müßten aber eigentlich besondere niedrige Behältnisse veranstaltet werden,
jedoch, daß sie nicht tiefer als die Oberfläche der Erbe gelegt
würden. Daran wäre sodann mit gleicher Vorsicht die Ableitung sogleich oben von der darauf zu errichtenden Auffangungs-Stange, abwärts, wie eben erwähnt, in einige Entfernung bis zur Erde, oder bis in ein offenes Wasser zu führen.

§. 10.
Ableitung an Strohdächern.

Bey landwirthschaftlichen, oder solchen Gebäuden,
die mit Stroh oder Schilf gedeckt sind, müßte auch zuvör-

derst der Anfall des Blitzes oben durch eine Auffangungs-
Stange vom Dache abgehalten werden. Zu diesem Zwecke
wird an beiden Enden des Daches, wenn es keinen Giebelpfosten hat, sondern abgestutzt und allenthalben mit Stroh
bedeckt ist, eine Unterlage von Brettern angebracht und darauf eine etwa 3 bis 4 Fuß lange, aber nicht zugespitzte,
Stange befestigt. Von dem hölzernen Rande an, welcher
die Stange nach allen Seiten ein Paar Fuß weit umgiebt,
wird ein breites Brett über das Stroh befestigt, dessen
Ende noch über den Rand des vorragenden Strohes wenigstens einen Fuß weit hervorstehen muß, und von welchem
ein anderes schräges Brett zur Wand herab geht. (Taf. I.
Fig. 1. 2.) Auf diesen Brettern wird sodann ein bleierner
oder kupferner, etwa 3 Zoll breiter Ableitungs-Streifen,
welcher oben mit der Stange wohl verbunden worden, befestigt, und weiter an der Wand herunter bis zur Erde
geführt, wo er mit einem etwa einen Fuß weit abwärts
gebogenen Ende in einer kleinen Vertiefung aufhöret —
Wird nun von der andern gegenüberstehenden Stange auf
jenem Ende eine gleiche Ableitung zur Erde angebracht, so
ist bey Scheunen, wo keine Hervorragung sich befindet und
daher kein Anfall des Blitzes zu besorgen ist, auch nicht
einmal nöthig, den ganzen Dachrücken zu bedecken. Will
man aber auch die First mit Metall versehen, so kann dieses,
wo ein Paar Reihen Ziegel am Dachrücken liegen, auf ge-
wöhnliche Weise geschehen; bey einem bloßen Strohdache
aber ohne Ziegeldecken müßte über die ganze Länge der First

ein

ein Sattel von ein Paar Brettern gelegt werden, auf deren
Zusammenfügung sodann oben der Ableitungsstreifen angenagelt wird. Die Bretter auf dem Strohdache zu bevestigen,
ist keine leichte Sache, und man kann sich nicht auf hölzerne
Pflöcke verlassen, weil sie vom Winde ausgerissen werden.
Es werden also dünne eiserne, an den Enden mit Löchern
versehene, Schienen dazu angewandt, durch das Stroh-
Dach durchgesteckt, mit dem einen Ende an den untern
Rand des Sattels, zu beiden Seiten, eins ums andere,
in einem Zwischenraume von etwa 4 Fuß, mit dem andern
aber innwendig angenagelt. Bey dem herabgehenden
Brette kann man sich solcher Schienen mit einem Anfaße
(Taf. II. Fig. 3.) bedienen, deren kurze Seite (a b) an
den Rand des Brettes angenagelt, die längere, durch das
Stroh durchgesteckte, aber innwendig bevestigt wird. Um
zu wissen wo ein Sparren liegt, sticht man erst mit einem
spißen Instrumente von unten durch, um sich darnach mit
dem Brett zu richten, oder die Schienen daran zu bevestigen: wo aber die Sparren nicht passen, oder am Walm
aus einandergehend sind, werden Latten quer über
genagelt, und darauf die Schienen bevestigt. Von
einer solchen Metallbekleidung, die von einem Ende
der First zum andern reicht, darf dann nur irgendwo
über die Seite des Stroh-Daches (Fig. 1.) mittelst
eines untergelegten Brettes ein Ableiter herunter geführt
werden, ohne daß es nöthig wäre, an beiden Giebelwän-
den eine Ableitung anzulegen, und wenn Dachziegel auf

C der

der First liegen, so wäre auch, wenn das Gebäude nicht zu
lang ist, eine Stange (wie Fig. 2.) zureichend.   Nach Befinden der Umstände kann man sich also entweder der ersten
oder der andern Ableitungs = Art bedienen — An einem
Bauerhause, auf welchem sich an der First ein Schornstein
befindet, muß jedoch allemal auch dessen oberer Rand mit
Bley bedeckt und davon ein Streifen auf untergelegten Brettern bis zur nächsten am Ende des Daches stehenden Stange
oder bis zum Ableiter geführt werden.

§. 11.

Ableitung an Windmühlen.

An beweglichen Gerüsten verursachet die unvermeid-
liche Unterbrechung der Ableitung eine besondere Schwierigkeit, dabey aber nur die Vorsicht anzuwenden ist, daß der
Strahl keinen Sprung durch Theile, welche er beschädigen
könnte, zu machen habe.

An Windmühlen würde allemal das Durchfahren des
Blitzes, wenn er mit einem Sprunge durch das Gerüste der
Mühle hin ginge, gefährlich seyn.   Da aber die Flügel am
höchsten hervorragen und also dem Auffallen des Blitzes am
meisten ausgesetzt sind, so kann daran die Ableitung am
füglichsten angelegt werden.   Man lasse nämlich die Ruten
aller vier Flügel an ihrem obern Rande, von einer Ecke
bis zur andern, und an der äussern, den Sprossen entgegengesetzten Seite des Balken, mit einem Streifen Bley
beschlagen, so, daß diese Streifen von einem Flügel zum

andern

andern übergehen, und sich an der Welle durchkreuzen. Auf dem Bley, wo es über das Ende des Balken liegt, könnte noch ein eiserner, etwa einer Hand hoher, mit einem Haken versehener Zapfen eingeschlagen werden. Wenn nun die Mühle nicht über den bloßen Erdboden hergeht, sondern ihre Bühne (Schwingstelle) hat, so muß diese Bühne rund umher in dem Kreise, über welchen die Flügel hingehen, mit Metall beschlagen, und davon, an welcher Stelle man will, eine Ableitung zur Erde angelegt werden. Alsdann würde der Strahl von dem Zapfen leicht zur nahen Erde, oder zu dem untergelegten Metalle der Bühne abspringen. Auch könnte man, zumal wenn die Flügel nicht nahe am Grunde herum gehen, zur Zeit eines Gewitters, wenn die Mühle stille stünde, von dem Haken am untersten Ende eines Flügels, welcher deßhalben senkrecht gestellt würde, eine Kette mit einem daran hängenden Gewichte bis auf die Erde, oder bis auf das Metall der Bühne, herabhängen lassen: wenn sie aber im Gange bleiben sollte, ein Stück Metall, z. B. ein eisernes Gewicht, auf der Erde, oder auf dem Beschlage der Bühne so stellen, daß die Flügel ganz nahe darüber hin strichen — Die Segel der Flügel müßten aus überunahltnen oder getheerten Segeltuche bestehen — Zu mehrerer Vorsicht könnte auch der Gipfel (Hut) des Mühlengehäuses, besonders wenn darauf ein Windflügel oder eine metallene Bedeckung befindlich ist, mit einem Streifen Metall belegt werden, welcher entweder hinten an dem Balken, damit die Mühle umgedreht wird, seine eigene Ableitung herunter

C 2

bekäm,

bekäme, oder mit einem abstehenden zugespitzten Ende nahe auf das Bley hinleiten müßte, welches die Welle umgiebt und mit der Bekleidung der Flügel zusammenhängt.

§. 12.
Ableitung an Krahnen.

An einem Krahne muß erstlich für den sichern Anfall des Blitzes auf den Schnabel gesorgt, und deshalben die Spitze mit Metall beschlagen werden. Zuweilen ist auch ein Windflügel darauf vorhanden, welcher alsdann zur Auffangung dienen kann. Von diesem Metalle lasse man einen Ableitungs=Streifen an der untern Seite des Schnabels bis an das veststehende Gerüste herab gehen und nahe an dasselbige mit einem abwärts stehenden Ende aufhören — Das Gerüste selbst müßte unter der Stelle, wo sich der obere Theil darauf herumdrehet, mit einem Kreise von Metall beschlagen seyn, welches den Sprung des Strahls von jener obern Leitung auffinge, und von welchem die fernere Ableitung an ein oder anderer Seite bis zur Erde, oder bis zum nahen Wasser fortzusetzen wäre — Von dem Hute oder Gipfel des Gerüstes selbst, zumal wenn es nicht viel niedriger als die Spitze des Schnabels ist, lasse man gleichfalls einen Ableitungs=Streifen herabgehen, welcher sich eben wie der vorige, nahe über den metallenen Kreis endigen muß.

§. 13.

§. 13.
Ableitung an Schilderhäufern.

An Schilderhäufern laffe man oben auf dem Knopfe eine kleine, einer Hand hohe, eiferne Spitze beveftigen, von welcher ein Streifen Bley, etwa 3 Zoll breit herab geführt, und an der hintern Seite angenagelt wird. Auch laffe man den untern Rand mit Bley befchlagen und vereinige damit jenen Ableitungs=Streifen. Endlich laffe man die Enden des Kreuzes, auf welchem das Schilderhaus ruhet, von der Stelle an, wo es von dem Rande berührt wird, mit Bley befchlagen, welches bis zur Erde herunter geht.

§. 14.
Ableitung an Schäferkarren.

An einem Schäferkarren dürfte nur die Bedeckung def= felben oben mit einem Streifen Bley befchlagen werden, von welchem weiter ein Streifen, ein Paar Zoll breit, an der hintern Seite herabgehen müßte. Oben könnte ein eiferner, einer Hand hoher Zapfen zur Auffangung dienen, und unten eine Oefe angebracht feyn, von welcher eine kleine herab= hängende Kette auf der Erde ein wenig nachfchleppte.

§. 15.
Ableitung an Gutfchen und Reifewägen.

An Gutfchen und Reifewägen würde ein oben um den Rand des Deckels angebrachter Kranz von Metallblechen, und davon an den vier Ecken des Kaftens heruntergehende

Metall=

Metallstreifen schon zur Beschützung der darin befindlichen
Menschen dienen. Um aber unterwärts den Sprung des
Blitzes zu den Radschienen und anderm Eisenwerk zu vermeiden, müßten die besagten vier Eckstreifen unten am
Kasten noch durch einen Metallstreif verbunden werden, an
welchem hinterwärts, mittelst einer Oese, eine Kette anzu-
hängen wäre, die auf dem Boden nachschleppte.

§. 16.

Ableitung an Schiffen.

An Schiffen, deren Masten aus Stangen bestehen,
davon die obern durch den Mastkorb herunter zu lassen sind,
läßt sich keine befestigte und zusammenhängende Blitzableitung anlegen. Es muß also der Ableiter von der Spitze
des Mastbaums bey den Seilen seitwärts herunter geführt
werden und die Bequemlichkeit erfobert eine biegsame Zurüstung, die man abnehmen und zusammenpacken kann —
Dieses erhält man durch Ketten von dünnen messingenen,
oder noch besser kupfernen Stangen, ohngefähr so dick als
eine Schreibfeder, davon die Glieder etwa eine Elle lang sind.
Die Gelenke aber müßten nicht mit bloß umgebogenen Enden zusammen gehalten seyn, sondern wohl in einander schließende Ge-
winde haben, deren eins vorwärts, das andere seitwärts zu
biegen wäre, weil bey wenigerm Zusammenhange Funken und
Anschmelzung entstehen, welche den nahen Schiffsseilen gefährlich seyn könnten. Nun muß an dem Ende der obersten
Mast-Stange (Braamstange) eine kleine Rolle befindlich
seyn,

seyn, mittelst welcher, wenn ein Gewitter heran kömmt,
das erste, oben nicht scharf zugespitzte Glied der Kette so hoch
aufzuziehen ist, daß es etwa einen Fuß über die Mastspitze
hervorraget. Alsdann wird der Ableiter längs dem Seile, welches die große Maßstange hält (Bredon genannt) herunter
geführt, und daran hie und da mit Bindfaden beveßigt, das
unterste Ende der Kette aber läßt man über Bord ins Wasser
hängen — Diese Zurüstung wird an dem mittelsten, als dem
höchsten Maste, angelegt. Zu mehrerer Sicherheit mögten
indessen auch Vorder- und Hintermast mit ähnlichen Ablei-
tern zu versehen seyn.

§. 17.
Kosten einer Blitz-Ableitung.

Die Kosten einer Blitz-Ableitung können nach dem
verschiedenen Preise und andern Umständen zwar mehr oder
weniger betragen. Folgendes kann indessen zum Beispiele
dienen.

Eine eiserne Stange, 3½ Fuß lang, mit den Federn,
die zu ihrer Beveßigung dienen, und einer dreyeckten messingenen Spitze, kostete · · · · 6 mℒ und 8 ℔

Sie anzuschlagen, und das Dach wieder in
  Stand zu setzen · · · · 2 mℒ

Ein Streifen Bley, 3 Zoll breit, über die First
  zu legen, der Fuß · · · 6 ℔

Ein Streifen Kupfer, 3 Zoll breit, am Gebäude herunter, der Fuß · · 7 ℔

Dieses zu beveßigen, mit dazu gehörigen
  Nägeln, der Fuß · · · · 3 ℔

Zu

An dem Segeberger, mit hölzernen Schindeln gedeckten, ohngefähr 280 Fuß hohen Kirchthurme, ward ein
Blitz-Ableiter von 4 Zoll breiten Kupferstreifen vom Knopfe
bis zur Erde angebracht. Die Kosten des Zubehörs von
Kupfer und Nägeln, nebst dem Arbeitslohn und der Zehrung
(jedoch bey freygeleisteter Hin- und Her-Fuhr) waren 240 m℔.

An einem Wohnhause hier in der Stadt ward die
40 Fuß lange First mit 4 Zoll breitem Bley belegt, und
vom Gipfel bis zur Erde, auf 80 Fuß, ein Ableiter von
3 Zoll breiten Kupferstreifen angebracht. Die Kosten,
mit Stange, Nägeln, und Arbeitslohn waren • 73 m℔

Von Messing-Drathe kostet das Pfund 1 Mark. Es
werden also, wenn er dick seyn, oder ein Paar zusammen-
gewickelt werden sollen, die Kosten nicht geringer als bey
den Kupferstreifen ausfallen.

§. 18.
Anweisung zur Beobachtung eines Wetter-schlages.

Wer die Wirkung eines Wetterschlages untersuchen
will, mag sich folgende dabey zu bemerkende Umstände
vorstellen.

Von welcher Seite, in Ansehung des getroffenen Ge-
genstandes, die Wetterwolke hergekommen?

Ob

Ob mit dem Winde oder gegen denselben?

Ob bey trockner Luft, oder unter Platzregen?

Ob es ein einzelner Schlag gewesen, oder einer unter mehrern aus derselben Wolke;

Ob er einzeln aus der Wolke gefahren, oder getheilt auf mehrere Gegenstände zugleich zugeschossen sey?

Ob der Gegenstand vor andern hervorgeraget habe oder nicht? Ob er ganz, oder doch nach einer Seite hin frey gestanden?

Ob eine Ecke der First, oder eine Hervorragung daran getroffen worden? Wenn es ein Schorstein gewesen, ob er gerauchet habe?

Ob der Blitz oben am Gebäude bloßes Metall angetroffen? Ob er dazu unmittelbar gelanget, oder auf dem Wege noch durch andere Theile gedrungen sey, und wie viel Zwischenraum bis zum ersten Metalle gewesen?

Wie weit er durch eine Strecke Metall, ausserhalb oder innerhalb des Gebäudes, oben, mitten, oder in seinem Wege, ohne Verletzung herab geleitet sey?

Ob in der Bahn auch wagerechte Strecken Metall mitgenommen sind, und wo diese zuletzt hinführten?

C 5　　　　Wie

Wie er bey zerstreuten Metallen von einem Stücke zum andern gesprungen? oder, wie er durch eine zusammenhängende Strecke Metall aus dem Wege geleitet worden?

Ob er nahen, aber zerstreuten Stücken Metall vorbey gegangen und sich an einer zusammenhängenden Leitung gehalten habe?

Ob er auch eine Strecke Metall in seinem Wege verlassen habe, um zu einer andern, besser zur Erde führenden Bahn zu gelangen?

Ob er sich in mehrere Zweige vertheilt habe, und aus welcher Ursache? — Ob, wegen gleichen Anlasses zur Leitung nach mehrern Seiten, — aber nur wegen Unterbrechung metallener Leiter — oder ob er sich wegen gänzlichen Mangels an Metall weit umher in den schlechtern Leitern zerstreuet habe?

Ob er sich von einer Zerstreuung wieder an einer zusammenhängenden niederführenden Strecke Metall gesammlet habe?

Wie er überhaupt einen bessern Leiter, oder eine leichtere Bahn den schlechtern vorgezogen habe?

An welchen Stellen und unter welchen Umständen sich Verletzungen am Gebäude befunden?

Ob der Strahl auch an einer übermahlten Fläche ohne Beschädigung herabgefahren sey?

Ob

Ob er bis in Keller, oder bis in die Erde eingedrungen
sey — wie tief — und was für eigentliche Spuren sich
daran fanden?

*   *

Wenn eine Ableitung am Gebäude vorhanden war —
woraus sie bestanden, und wie sie beschaffen war?

Ob der Blitz deren oberstes Ende getroffen, oder auf
eine andere Ecke des Gebäudes gefallen sey?

Ob der Ableiter eine Auffangungs-Stange mit einer
zugeschärften Spitze gehabt, und ob diese angeschmolzen
worden?

Ob er dem Leiter in seinem ganzen Wege, ohne Verletzung des Gebäudes oder des Leiters selbst gefolgt sey?
oder ob an ein oder anderm etwas beschädigt sey?

Ob er auch einen Nebenweg gesucht habe, und aus
welcher Ursache? — Ob, weil er zu einer andern ziemlich
weit herunterführenden, oder stärkern Strecke Metall leicht
gelangen konnte? — Ob der Ableiter auch mit Metallen
im Gebäude Zusammenhang gehabt, mittelst welcher ein
Theil des Strahls hineingelockt werden konnte? oder ob er
sonst fehlerhaft oder unzureichend gewesen?

Ob das Ende des Ableiters in die Erde hineingesenkt
war, und wie tief? — Wenn dieses, ob der Boden durch
den Wetterstrahl aufgesprengt worden? — Wenn er aber

an der Oberfläche der Erde aufgehört hat; ob daselbst noch
einige Gewalt ausgeübt worden?

* * *

Wenn Menschen getroffen sind — ob der Strahl unmittelbar bey seinem Durchbruche durch die Luft, oder mittelst eines Absprunges von andern Körpern auf sie zuge-
fahren sey?

Ob er zuerst den Kopf, oder andere Theile getroffen habe?

Ob der Hirnschädel zerbrochen, oder sonst innere Theile
verletzt worden? — Ob Blutgefäße in der Brust oder sonst
zersprengt waren?

Wie die Spuren der Verletzung, besonders beym Zu-
und Absprunge, beschaffen, und wie die ganze Bahn, so-
wohl an bedeckten als an unbedeckten Theilen des Körpers,
bezeichnet gewesen?

Wie tief die Versengung eingedrungen?

Wie und wo die Kleidung verschiedener Art durchbohret, zerrissen, abgesprengt oder versengt worden?

Ob der Strahl bis zu den Schuhen herabgefahren sey?

Ob der Mensch auf der Stelle erschlagen, oder noch
wieder hergestellt worden? — Wenn dieses; in wie langer
Zeit, durch welche Mittel und mit welchen Zufällen?

* * * * *

Wenn

Wenn ein Stück Vieh getroffen worden, ob es tobt hingefallen sey, oder sich wieder erholt habe?

Ob sich an dem ersten Spuren von Verletzung zeigten, und wo nicht, wie weit es von einem verletzten Menschen oder Baume entfernt gewesen?

Sind Spuren an getödteten oder genesenen Vieh vorhanden; wie sie beschaffen sind? ob auch die Wirkung des Strahls nach dem Unterschiede der Farbe des Haars verschieden gewesen?

* * * * *

Wenn ein Baum getroffen ist, ob er zersplittert, oder nur die Rinde abgestreift, oder mit Furchen bezeichnet worden? — Ob diese in geradem Striche herunter, oder schneckenweise gegangen? — Ob in zusammenhängender Spur von oben an bis unten herab? — ob auch bis längs den Wurzeln in die Erde herunter?

Ob ein Mensch unter dem Baume gestanden?

* * * * *

Wenn der Blitz auf ein Schiff gefallen ist, welcher Mast getroffen worden? — Ob darauf ein Windflügel mit metallener Spindel gewesen?

Wie

Wie der Mast verletzt worden, und an welchen Theilen?

Ob einige Stellen daran mit Kienruß und Theer überstrichen gewesen? Wenn dieses, ob nicht solche Theile verschont geblieben?

Ob der Strahl bis unter das Verdeck herabgefahren sey? — ob er die Seitenplanken durchgesprengt habe? — Wenn dieses, ob über oder unter der Wasserfläche?

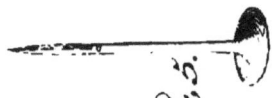

Tab. I.

Fig. 2.

Fig. 5.

Fig. 7.

Fig. 4.

Fig. 3.

Fig. 8.

Fig. 6.

Fig. 1.

Fig. 1. *Tab. II.*

Fig. 2.

Fig. 3.

www.ingramcontent.com/pod-product-compliance
Lightning Source LLC
Chambersburg PA
CBHW022023190326
41519CB00010B/1577